LOCUS

LOCUS

LOCUS

LOCUS

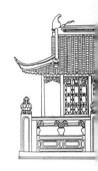

領導者。這個「者」是多數，各部門的主管都是領導者。

——施振榮

第4種全球化模式

台灣必須發展自己的模式

知己知彼

施振榮 著

蔡志忠 繪

總序

《領導者的眼界》系列，共十二本書。
針對知識經濟所形成的全球化時代，十二個課題而寫。
其中累積了宏碁集團上兆台幣的營運流程，以及孫子兵法的智慧。
十二本書可以分開來單獨閱讀，也可以合起來成一體系。

施振榮

　　這個系列叫做《領導者的眼界》，共十二本
書，主要是談一個企業的領導者，或者有心要成為
企業領導者的人，在知識經濟所形成的全球化時
代，應該如何思維和行動的十二個主題。

　　這十二個主題，是公元二○○○年我在母校交
通大學EMBA十二堂課的授課架構改編而成，它彙
集了我和宏碁集團二十四年來在全球市場的經營心
得和策略運用的精華，富藏無數成功經驗和失敗教
訓，書中每一句話所表達的思維和資訊，都是真槍
實彈，繳足了學費之後的心血結晶，可說是累積了

台幣上兆元的寶貴營運經驗，以及花費上百億元，經歷多次失敗教訓的學習成果。

除了我在十二堂EMBA課程所整理的宏碁集團的經驗之外，《領導者的眼界》十二本書裡，還有另外一個珍貴的元素：孫子兵法。

我第一次讀孫子兵法在二十多年前，什麼機緣已經不記得了；後來有機會又偶爾瀏覽。說起來，我不算一個處處都以孫子兵法為師的人，但是回想起來，我的行事和管理風格和孫子兵法還是有一些相通之處。

其中最主要的，就是我做事情的時候，都是從比較長期的思考點、比較間接的思考點來出發。一般人可能沒這個耐心。他們碰到問題，容易從立即、直接的反

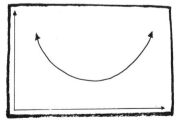

應來思考。立即、直接的反應，是人人都會的，長期、間接的反應，才是與眾不同之處，可以看出別人看不到的機會與問題。

　　和我共同創作《領導者的眼界》十二本書的人，是蔡志忠先生。蔡先生負責孫子兵法的詮釋。過去他所創作的漫畫版本孫子兵法，我個人就曾拜讀，受益良多。能和他共同創作《領導者的眼界》，覺得十分新鮮。

　　我認為知識和經驗是十分寶貴的。前人走過的錯誤，可以不必再犯；前人成功的案例，則可做為參考。年輕朋友如能耐心細讀，一方面可以掌握宏碁集團過去累積台幣上兆元的寶貴營運經驗，一方面可以體會流傳二千多年的孫子兵法的精華，如此做為個人生涯成長和事業發展的借鏡，相信必能受益無窮。

Think!

目錄

前言

- 沒有自由化之前，競爭力只要不比別人差，就可以生存。
- 自由化之後，不做到國際水準就活不下去。

　　大家可能在過去的十年中，聽到了很多有關自由化、國際化的口號，但是什麼才是真正的自由化、國際化呢？實際上，我們在談國際化的意思有兩個涵義：一個是說你到國外去做生意，但是另外一個是說，不論你做什麼事情，都要有國際化的水準。

　　在尚未完全自由化的市場中，不論你的競爭力如何，只要不比別人差，你還是可以生存。現在，自由化之後，大家都可以做，所以你一定要做到國際的水準才可以，否則，你便會活不下去。所以，現在可以說，談企業的經營，具備國際級的經營水準，變的非常重要了。

　　我雖然不斷地在強調：服務是屬於當地的競爭力要素，但是這種競爭力要素也會隨著自由化、國際化的潮流，而有所改變。比如說，早期台灣社會到處可見，原本街坊鄰里所開的傳統雜貨店，是非常在地化的服務啊；但是，這種原本不起眼的小店服務，現在已經引進國際最好的經營模式，進而變成一個連鎖服務的時候，如果你不變成國際化的經營呢，可能就會面臨被淘汰的命運。雖然是那麼在地化的服務，不過由於它的經營是國際水準的模式，所以整個服務的觀念都會進來，進而影響整個產業的生態。

　　由此觀之，我們台灣是很小的一個地方，但是，我們又要做全世界的市場；所以，我們的東西，當然一定要思考到說，做出來，不管是產品的品質，還是經營的模式，都一定要具有國際的水準，否則是很容易被自由化、國際化的浪潮所淹沒的。

全球化的模式

- 先在本地市場建立基礎後，再邁向全球化
- 先發展核心競爭力，再分享至全球
- 拓展全球市場，本地市場扮演關鍵角色
- 用全球的視野進行分工整合
- 不同的背景與文化，要用不同的模式

所謂全球化，可以分兩個層面來看。

一個是地理環境上的全球化，一個是思考觀念上的全球化。事實上，在地理環境上展開全球化的行動的能力還未能完全建立之前，在思考上就必須先做全球化的思維。在全球的標準上要求自己，在全球的標準上展開競爭與合作。

國際化的範圍則是比較小的；比如說，我現在到東南亞去做生意，當然就可以說我已經是國際化了。當我們從國際化要進入到所謂全球化的時候，當然你要面對各種不同的狀況：市場的不同、文化的不同，你要去應付這些挑戰。更重要的是，你從

全球化是地理環境的全球化與思考觀念的全球化。

以全球運籌考量…

製造的角度、技術的角度，如果你沒有考慮到所謂全球分工整合的思考的話，實質上你所組合出來的東西，都不是世界最好的，那你就沒有辦法做競爭。所以，我想對於台灣的企業而言，全球化的過程將是一條很長很長的路。

其中，在觀念上的調整，是個起步。調整觀念的時候，有進、出的兩個不同面向。就「出」而言，要從全球最適合自己的地理環境切入市場。這一點大家不難接受，因為這個最適合的地區，往往也是最接近自己的地區。但是就「進」而言，從全球最強的地方導入技術，則不見得那麼容易接受。最強的技術，會很貴，但也可能發展出高價值的產品，不必排斥。所以台灣在全球化的思考下，最重要的是得找出自己的定位，讓別人在全球化的時候，不能不想到我們。

一般企業在全球化的過程中，通常是在自己的本土市場有一些基礎了，再邁向全球化的挑戰；不論是從人才的訓練、風險的分擔、甚至於在發展經營模式的回饋的速度，都要精準地掌握。這就是為

什麼我們常常聽說，有所謂的市場測試：就是因爲你的規模小，能夠控制的資源有限，以及你希望在還不是很成熟的過程裏面，能夠快速地發展出來成功的經營模式；所以，當然最好的方法就是就近取材。甚至於在美國那麼大的市場，也有人說，我的本土市場是加州，我是先經營加州的市場。像日本人要進入美國市場，他們會先到澳洲做一做市場測試，再到美國去，就是一定要先試試市場的反應。現在，能做市場測試的時間是非常非常的短，因爲產品的生命週期實在是太短了。

另外，企業在本土市場裏面，也是希望能夠在自己的本土市場中，發展自己的核心競爭力，這些核心競爭力才能夠讓全球市場來分享。所以，本地市場的大小，對企業的發展扮演一個關鍵的角色。這其實也是立足於一個像台灣一樣小市場的企業，要國際化，要全球化，所面臨的最大的問題。另外，核心競爭力必須從本土開始，還有一個好處是有一個退路可守。

比如說，美國企業先建立自己國內的市場，由

觀念永遠要全球，
行事永遠要本土。

於他的市場比較容易建立個經濟規模，所以要國際化、全球化就好辦了。他在那個市場已經練兵過了，甚至發展出很多的管理系統；從經濟規模的角度來講，往外面走，就是多出來的市場。如果從整個經營模式要有效地在外面運作的角度來看，他已經有現成的基礎了。美國有些技術，在美國開發，但市場一開始就瞄準亞洲。不過這是特殊的情形。

總之，觀念永遠要全球，行事永遠要本土；即使是網路還是如此。網路時代，全球化的速度快，成本低，但是產品一定要是一流的水準；而建立這一流的水準，要從本土開始。

所以，在全球化的思考裏面，企業本身要有全球分工整合的觀念，甚至在企業內部也要有分工整合的觀念。所謂分工整合就是說，在各種不同的功能，要有專業的分工。這些專業的功能到底放在哪裏？並不一定是所有的專業功能，全部要放在總部中。

在最新的觀念裏，一個像宏碁這樣的公司，本來應思考是否要建立全球總部？像市場行銷這種很

當地化的功能，是不是在美國要有一個總部，台灣也有一個總部？尤其要做行銷溝通的時候，可能還是以美國市場為主導。不過，問題是當你要在美國建立全球總部的時候，由於這個總部是企業經營控制的樞紐，所以，最頂級的、最有經驗的、跟公司意向能夠完全結合在一起的人才，一定要在美國，這就很難做到了。

就研究發展某一個功能，我們曾經做到了，比如說，我們做過的視訊會議（Video Conference）產品的總部就是在美國。這個比較簡單，因為在技術的層次裏面，有幾十個關鍵的東西，可能某一種全球最領先的，最具核心競爭力的，關鍵要件是在某一個地區，所以該地區就自然地成為該功能的總部了。

實際上，一個企業全球化以後，就需要從這個角度來思考。如果以台灣的企業，現在關連的角度來看，製造的核心競爭力，已經很明顯是在台灣。甚至於，台灣放棄了製造，全部移轉到大陸生產了，這個製造的核心競爭力還是存在台灣。所以，

台灣的企業已經可以說，我在台灣做研究發展，可以從全球各處接一些訂單，但是真正的製造部分，已經都不在台灣；我們等於是將企業的各個專業功能，分散到全球的各個角落去，在需要的時候，再把它們整合在一起。

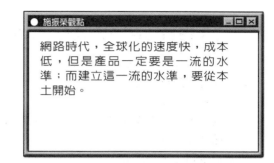

　　全球化的過程裏面，有時候會隨著專業功能的不同，你要全球化，以便於分工整合。有時候也會隨著市場的不同，而必須全球化：因為，每一個地方的文化背景是不一樣的，所以有可能有不同的考量因素。

　　目前在美國的跨國企業，當然都是以美國為世界的中心，成立世界總部，並於每一個區域，設立區域的中心；然後，透過那個區域中心，儘量在該區域之內，讓他有一點決策權，這是經過那麼多年，美國企業慢慢發展出來的一個企業經營的管理模式。

美國企業的全球化模式

- 國內市場大，容許發展最核心的競爭力
- 建立全球品牌形象
- 到達經濟規模
- 建立最好的系統與流程，供全球化參考
- 吸引全球人才
- 將全球化視為延伸拓展的商機

這裡我們要看看美國企業一般的經營模式，其實它是很簡單的，我再重覆一下：因為美國有目前全球最大的單一市場，所以美國企業要建立一個可以全球化運作的核心競爭力，例如，市場規模、服務、人才、財務、形象、還有產品開發等等，實質上都可以在同一個地方，就能夠建立起來，這是美國企業最優勢的一個地方。

實質上，現在的企業希望全球的分工整合，談起來容易，真正要管理這個機制，也是需要花一些時間的。先天上，在美國的企業，往往可以透過美國的強勢媒體、科技領先、以及本身的形象，就已經建立起整體全球化的基礎。因為在美國的形象，

幾乎就等於全球的形象，不但形象高，又很廣泛，
而且本身就已經達到了經濟規模。所以，美國企業
縱使不做國外的市場，只是面子不太好看，是無所
謂的，只是少做、少賺而已，這個是完全不一樣
的。

　　反觀台灣的企業，如果我們不做國際市場，幾
乎就沒得玩了。甚至於，因為我們做的是 ODM
（代工設計及生產）、OEM（代工生產），有時候根

本連台灣的市場都可以放棄了，不做本土市場也沒有什麼了不起，只要有國際市場，這是台灣企業實際經營所面臨的情況。

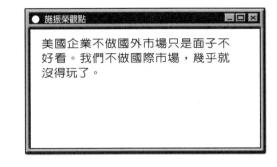

美國企業因為國內的本土市場夠經濟規模，所以在國內市場裡面，就有機會建立很好的系統及流程等等；所以，他只要在本土市場做好了，穩定了，往後到每一個地方做生意的時候，如法泡製相關的系統及流程就好了。另外一個就是人才。實際上，美國因為市場大，她也從全世界各地吸收最好的人才。

其實，許多美國企業都把國際化、海外的市場，當成是企業經營中，一個多出來的市場。就像我們在讀經濟學的時候，盈餘是最過癮的；多出來的市場，是企業求之不得的額外紅利，當然是很簡單，也很令人心動的。

歐洲企業的全球化模式

- 整個歐洲可視為一個本地市場
- 在本國成功之後，可在其他歐洲國家複製
- 因為市場本質相近，很容易在這個區域擴展

　　實質上，整個歐洲市場是由一個一個國家所組成的。但是，對歐洲企業而言，當他要擴充到鄰近的國家時，可以把她當成一個本地市場的概念來看；相對地，這個對她來講就等於是國際化，國際化後接下來再來全球化，相對地是比較容易的。

　　為了更容易建立一個單一市場，所有的歐洲國家，又湊在一起，形成一個「歐洲共同市場」，甚至於連貨幣「歐元」也把它統一了。讓每一個歐洲的企業，真正在任何一個歐洲國家的企業，在打歐洲市場的時候，變成好像是在本地市場一樣。

所以，這裏不斷地在強調，本地市場的規模，實際上是全球化非常重要的要素。這個也就是爲什麼，台灣海峽兩岸的關係如果好的話，對台灣的企業是非常非常有利的；因爲，大陸可以變成我們的本地市場。

　　相對地，企業在歐洲跟在亞洲其實是不一樣的：亞洲雖然是同樣一個洲，但是她的範圍那麼廣、每個國家的語言不同、文化也不同；所以，我們並不容易將亞洲變成一個本地市場。但是，包含兩岸三地的大中國地區，卻是有機會變成一個單一的本地市場，這裏是有一個很大的區別。

日本企業全球化的模式

- 全球總部設於東京，海外子公司很少自治權
- 日本國內的大集團競爭非常激烈
- 以搶市場佔有率為主要思考邏輯，而非利潤導向
- 產品科技保持領先，國際行銷相對弱勢
- 企業文化僵硬保守，全球化效果不彰
- 主要的生意都來自國內市場

　　日本企業的運作模式就像一個老式的電腦系統，都是中央控制的，所以，大家都認為說反正聽東京怎麼講；實質上，這種監控的效果是有限的。甚至於在美國就有很多的日本企業，SONY（新力）算比較除外的，檯面上雖然有一些美國人在管理，但是背後還是由日本人在掌控。

　　我記得大概 1990年的時候，看到一個報導提到說，SONY 馬來西亞的廠長，這個當地的負責人說 SONY 如果能夠再來一次的話，他應該要更當地化一點，如此將可經營的比現在更有效，更好，這是從 SONY 自己在檢討的過程裏面，所得出來的結論。因為，實質上當企業擴展到全球之後，如果一

切都要靠總部的話，就像現在的電腦主機，慢慢地被「主從架構」或者「網際網路架構」所取代的意義是一樣的。

實質上，我們所看得見的日本企業，幾幾乎都是大企業為主；他什麼都做，也打不死，因為他的規模都夠大。所以，大概就是那五家十家的大商社在那邊打，就算打輸了，公司還是在那邊。不像美國企業，打輸就被併了，就算了。

但是，這種大商社的經營模式，也造就了日本企業，在日本本土市場的競爭，相當劇烈的情形，甚至比外銷還要競爭。所以，這種情形之下，他們到國際上的競爭力是相當強的；而且他們的規模也很大，所以過去有很多策略，他是用一般所謂的傾銷手法，當然他們是不會承認。反正就是用消耗體力的方法，來打這場仗；當競爭對手都沒有體力的時候，日本的公司再來寡佔整個市場，這是他的一個基本想法。但是，這個想法碰到個人電腦產業的時候，就行不通了。

我常常舉一個例子：原來的一般產業，就像業餘的拳擊賽，只打三個回合；所以，我的策略是一上來了就消耗體力，反正我體力很夠，然後打到第三回合；當對手沒有體力的時候，我就把對手幹掉。這就是用體力戰，因為傾銷就是要消耗體力。

但是，個人電腦產業有一點像職業賽，實際上比職業賽更久，不只十五個回合，我們實際上已經打了二十個回合了。其實，個人電腦產業是每年有兩個到四個回合要打；新產品一個一個出來，每一個新產品就是一個回合的打仗的開始。

韓國人也是一樣，韓國的大企業曾經進入家電產業，像微波爐、低階的電視等等，他們也是用這種傾銷的方法，所以，很快地也佔了有一席之地。我記得在 1985 到 1987 年間左右，那時候日本、韓國的大企

個人電腦產業隨時改變新的戰法，也隨時改變不一樣的戰場⋯⋯打拳擊你行，比西洋劍你可不一定行。

業都是這樣，希望也同樣能夠用原來那個方法，來打個人電腦的市場，但是他們都不成功。

傳統商戰的策略是打持久戰，比誰體力消耗得快⋯⋯誰支持得久便贏得最後的勝利。

　　原先體力消耗戰的方法不可行的主要原因是，對方還沒有精疲力竭的時候，馬上又換另一個回合，休息了；然後，你消耗體力就算是把別人打死了，人家又另闢一個戰場。何況每一個回合可能時間不是三分鐘了，也沒有辦法消耗別人的體力，反而是把自己的體力都消耗掉了。雖然他的體力很夠，第二回合再打，還是不得要領，因為已經別人又用新的戰術、新的產品了。所以，實質上，日本企業這種強調市場佔有率觀念，對個人電腦產業而言，已經不是成功的主要關鍵了。

個人電腦產業的比賽規則可不一樣，財大氣粗不一定有利。

怎麼說？

數位PC战役

這場仗可不容易打...

如果你最近看美國相關的書籍，甚至於認為市場佔有率的觀念，是一種完全落伍的思考模式。雖然我們會發現，因為投入也蠻大的，所以日本人在技術方面有他的條件；但是，我們感覺到他們，尤其在高科技的領域，做行銷並不是很成功。

　　行銷的能力要用什麼來思考呢？日本人很容易在很多產品，像 DRAM（動態隨機存取記憶體）等等，是用一個成本加成本為利潤的觀念在打市場。美國人的觀念則是：先看有沒有這個需求，有，那麼就創造價值，價格再跟著訂出來，毛利賺80％也是理所當然的。日本人比較少這種思考模式，因為他認為為什麼要有 80% 的毛利，他只要 50%，他只要有這個條件，就希望先把大家打死，因為他需要搶佔市場佔有率。

　　所以，從市場行銷的角度、顧客價值的角度來看，東方比不過美國的思考模式；當然，日本的文化，對全球的發展也並不是非常有利。不過，還好日本是世界第二大的單一市場；很多在日本的國際化企業，實質上國內市場還是最關鍵，尤其是電腦

產業。我們如果看日本的電腦公司，國內市場對他們的意義，可能是百分之五十，可能是百分之八十，所以，就算他們的國際行銷能力較弱，也不致有致命的影響。

　　台灣和日本一樣，在創新價值的習慣、觀念和能力上，都明顯不足。因此，什麼東西都先看價格，看了價格，再看看成本有沒有降低空間。所以，成本有沒有降低空間，成了我們生意經的所在。和美國人先看有沒有價值可以創造，當作生意經的所在，大不相同。

　　用成本加利潤等於價格的思考，有一個盲點，萬一某個產品供過於求，價格不斷下跌，不但把利潤跌掉，甚至跌到成本以下呢？何況，就經濟活動而言，價格不是一個固定的東西，本來就是供需決定的，很動態，所以本質上就不該用固定的成本加利潤的模式來思考。像美國航空公司和飯店的價格彈性調整之大，充分反映了隨時以供需來反映價格的思考。

過去台灣走成本加利潤等於價格的這條路可以走得通，主要有兩個原因：一是我們降低成本的能力實在很強，一是我們對利潤接受的彈性很大。在美國做電腦，百分之三十的毛利可能就不想做了；但是在台灣，百分之三十的毛利是高利潤，百分之十也做。會這樣思考和行動，當然和市場大小以及風險有關，我們跟在美國後面走，風險小了，利潤也小，是合理的。

　　由於美國在很難再創造價值的產業上，很捨得放，因此也影響整個社會資源。在這方面，歐洲應該像美國，但又不像美國那麼積極。

　　未來，以趨勢而言，應該是以價值來訂定價格。不過，要注意，價值是隨時間與空間而有異的，不應該輕易以別人的價值為價值。有形產品還好，無形產品的價值更是沒有準則可言。像台灣很多網路事業，由於看了美國網路企業所創造的價值和價格，就原封不動地把經營模式搬到台灣來，我不贊同這種做法。

各種不同模式的比較

●日本：大型主機電腦的架構
●美國：分散式中型電腦的架構
●歐洲：獨立運作電腦的架構
　　　需要更有效的網路架構：
　　　主從架構
　　　網際網路型組織

這個對各種不同經營模式的比較，是《世界經理文摘》（World Executive Digest），就是亞洲管理學院的一個雜誌，不曉得是 1994 年還是哪一年的說明。文摘中將各種不同經營模式分成四種，它是說日本企業的經營模式，像「大型主機電腦的架構」（Mainframe Computing），美國企業的經營模式像「分散式中型電腦的架構」（Distributed Mini-Computing），歐洲企業的經營模式就像一個「獨立運作電腦的架構」（Standalone Computing），每個工作站的功能，都是非常強大的。第四種模式就是宏碁的主從架構的模式。

宏碁的第四種模式就是：從「全球品牌，結合地緣」（Global Brand Local Touch），演變到「主從架構」的組織（Client-Server Organization Structure），實質上，這也是一種網路型態的組織模式。我們發現，社會的組織本身就是一個網路，很多事情的本質都是網路；比如說，通信就是最簡單的溝通，它的結構也是透過網路的考量。

　　網路的好處是，不論是一個對一個、一個對多個、多個對一個、多個對多個都很方便。如果你是透過傳統層層節制的階級制度的組織，就很難有這樣一個結果。實質上，現在所有事情的本質，是需要有各種不同的模式；不僅僅是好像是軍隊下命令一樣，一個對多個這樣的一個觀念而已。

　　在網路裏面，它的速度、彈性都會比較快、比較好；但是，大家都了解，一個通訊系統裏面，最難的就是管理系統。所以，最複雜的電腦系統是在通信，就是我們所控制最簡單的電話，後面是有一套很複雜的通信結構。這個也就是為什麼，當宏碁在做「主從架構」，或者未來我們在開拓「網際網

日本式──大型主機電腦架構。
美國式──分散式中型電腦架構。
歐洲式──獨立運作電腦架構。
宏碁式──網際網路型架構。

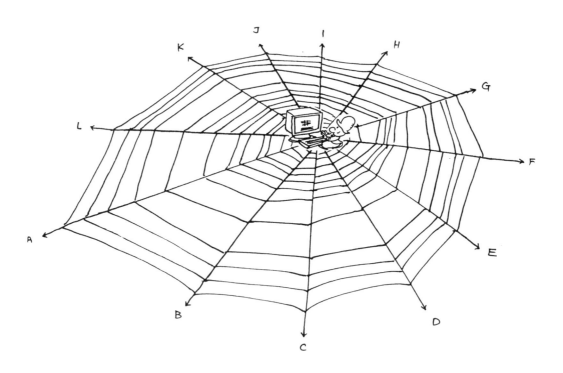

路組織架構」的時候，所要面對挑戰是很大的。

　　不過，還好的是，這個網際網路的協定，給我們一個很新的概念，就是 TCP/IP 這麼簡單的通信協定，竟然可以變成一個在網際網路溝通的很重要的準則。所以，這些電腦架構的發展，都是我們認為未來在管理模式的創新中，值得去借鏡的；至少，宏碁在這方面是不斷地在尋求一個更好的解答。

國際企業的國內外營業額比例

	國內	國外
● 美國公司 （IBM、奇異、惠普）	50%	50% （其中30%在其他歐洲國家）
● 歐洲 （西門子）	50%	50%
● 日本 （富士通）	80%	20%
● 宏碁	10%	90%

　　一般而言，美國企業的營業額只要差不多有 50%
在國外的市場，我們就覺得他已經是很具國際性的企
業。歐洲企業的營業額也是只要 50% 在本國以外，
就可以被認為是屬於國際性的企業；但是，其實其中
的 30% 的營業額，可能是在泛歐的市場中，等於有
80% 的營業額是在所謂廣義的本地市場中，所以更難
全球化。像富士通之類的日本企業，對經營像電腦這
種比較需要售後服務，要有本土文化的產品，實際上
他們的營業額有 80% 是在國內市場，國外的營業額

只佔 20% 而已，離全球化的距離更是遙遠。

反觀宏碁的營業額，包含代理進口的產品，台灣市場只佔 10%，自己的產品則有 95% 是外銷的。由此可知，所有的台灣企業，實際上都是非常可憐的；即使你在台灣稱王，也不代表什麼意義。因為，就算你在台灣佔有率第一名，甚至佔了 100%，在世界的佔有率也僅是 1% 而已，有什麼用。

所以，這是台灣企業全球化的發展過程中，所必須面臨的一個很大的問題。

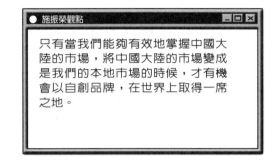

施振榮觀點

只有當我們能夠有效地掌握中國大陸的市場，將中國大陸的市場變成是我們的本地市場的時候，才有機會以自創品牌，在世界上取得一席之地。

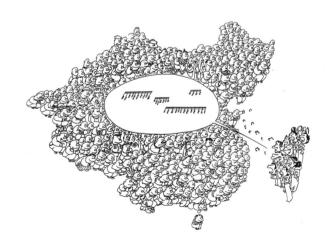

不同模式的利弊

	利	弊
● 日本	內部管理容易	不易配合當地需求
	較能有效開發全球性產品	軟體及『量身訂製』產業挑戰較大
● 美國	有完善的原則及運作方法 ，容易擴散全球	海外部門沒有歸屬感
● 歐洲	因為強調自治，個別單位都很強	花費太高

　　當我們在分析、比較各種不同經營模式的利弊時，往往會發現，日本企業因為內部管理方便，所以在開發一些比較全球性的標準化產品時，他是非常有效地；但是，對於當地市場的需求，實際上是不容易配合的，尤其是需要軟體服務的電腦系統。今天，任天堂、PlayStation 都只是電玩而已，不要教育訓練，所以它能夠稱霸全球；但是，我們並沒有看到日本的電腦，有相同的競爭力。另外一個案例，Sharp曾經推出 Organizer，不過，沒有辦法稱霸世界；現在，反而是 Palm（掌上型電腦）在世界稱霸，我想這個恐怕就是跟文化，跟你要用那個產品的習慣是有關的，這是很關鍵的問題。日本企業

對於全球，對於歐美文化的了解不深；所以過去的創新優勢，都是理性的。譬如怎樣做功能更多、品質更好等等。所以日本人做 Organizer 也是這種思路，結果做出來的就是一個高級的計算機。同樣一個機器，對歐美人而言，操作如何更方便這一點，都嫌說明不足。 Palm 則不只如此，並且還進一步透過行銷，透過流行文化的創造，來創造一個 Palm 的社群和經濟體。台灣受限於市場，過去就算想，也做不到；未來有大陸市場，則可以思考另有一番作爲。

美國企業因爲他的國內市場夠大，所以，他能夠發展出很好的管理原則；然後，再積極擴充。現在，因爲美國太強勢了，我跑到世界各處都會聽說許多對美國人的報怨，因爲反正海外的部門也沒有什麼自主權，反正就是聽美國總部的就算了；如此一來，當然大家的歸屬感就不高了。

歐洲企業的經營模式，因爲強調自治，實際上，他在每一個國家都做得不錯；不過，由於整個經濟規模不夠，沒有產生所謂企業內分工整合的效

果，所以，相對的花費就會比較高。我們以總部
設於荷蘭的飛利浦公司為例，過去飛利浦積極地
在歐洲擴張勢力，但是由於每一個國家都是獨立
的公司，所以每一個國家就自然會有很多的廠，

來提供該國所需要的東西，結果，當然整體的花
費會太高了；最近，如果大家注意到了，就會發
現飛利浦裁撤了很多工廠，就是他們對原先的經
營模式，已經再做改變了。

相較之下，宏碁所採用的方法，對於全球分工整合的大趨勢，以及速度、彈性、成本的控制等方面都是比較有效的；甚至於對於整個本土化，不管是做事情感覺的歸屬感、決策的歸屬感，或者投資的歸屬感都是有效的。但是，我們的問題是，因為台灣並不是世界的重心，所以她的策略，我們最熟悉的營運的模式，不能變成一個全球通用的策略。

在本土來說，總會有某一環節，比如說技術，或者某一個重要的地方，應該要有全球化的策略。這個全球化的觀念，就是一件事情可能 30% 或者 70% 應該是全球共用的，然後，另外 10%、30% 或者多少是把它本土化的。

實質上，當我們在談我們全球化的策略時，是指哪裏為主？當然，你不得不以大市場為主；所以，我們所謂的全球化策略，就是等於有很多的策略。一個台灣的企業要做全球化的策略時，可能是以美國市場來做，當然跟美國的公司相比，自然就有很大的一個困難。我們不但要面對全球化的管理，而且因為本土市場的規模太小，所以整個管理

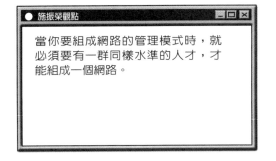

施振榮觀點

當你要組成網路的管理模式時，就必須要有一群同樣水準的人才，才能組成一個網路。

系統都不會是很成熟的。

另外一個就是你要走「主從架構」，或者走網路管理的模式。對台灣的企業而言，我們在台灣的內部創業，集體創業或者我們不斷地在長新的公司，所產生的問題都很有限；但是，其中有一個很重要的關鍵就是人才，不只是素質有待提昇，就連數量都不足。從另一個角度來看，為什麼今天我要做電腦網路的生意？因為今天有網際網路；為什麼以前有「主從架構」？因為到處都有功能強大的電腦。所以，當你要組成網路的管理模式時，就必須要有一群同樣水準的人才，或者同樣水準的電腦能力，才能組成一個網路。當我們將「主從架構」推廣到海外的時候，就發現在海外運作的能力並不夠，所以，人才可能是我們最後所要面臨及解決的最關鍵的瓶頸。

台灣企業全球化的挑戰

- 國內市場經濟規模太小 (不到全球市場的 1%)
- 沒有機會練兵，以發展最好的管理制度與方法
- 很難推動全球品牌
- 有全球化運作經驗的人才很少
- 無相近的重要市場可擴張 (中國大陸是潛在的大市場，東南亞是較小的市場)

　　台灣企業追求全球化的過程中，首先面臨的困難是本地市場太小，沒有機會練兵，當然也就無法發展出最好的管理制度和方法；也就是說，我們很難透過國內市場，建立或者推廣一個全球的品牌。沒有什麼國際化的人才，也沒有類似的市場，能夠再往外擴充，這些都是我們所面臨的挑戰。

　　1974 年的時候，台灣的電子計算機，以自己品牌外銷的非常成功；但是，進入內銷市場就出問題了，第一次就被經銷商倒帳了。有了那個教訓，我在小教授二號開始內銷的時候，因為那時候我們比較強勢，所以，所有的經銷商都要先設定抵押，不

然就拿現金來交易。像這個還只是在做行銷的一個付款環節而已，你要做行銷，要控制一個市場，真的點點滴滴，要面面俱到的。

　　所以，嚴格來講，我們的產業，甚至整個台灣經濟的產業，是做製造的產業。我們還沒有做到行銷這件事情，但是，到底我們要不要踏入行銷的領域，是值得我們深思的一個課題。

宏碁目前的全球化運作

- ● 營業額
- ● 人 力（全部與海外）
- ● 市場定位，營業分佈

- ● 全球運作策略
  - ──製造
  - ──研發
  - ──銷售市場
  - ──合資經營（內部）

　　接下來，我們舉一些宏碁的例子，來看台灣企業全球化的軌跡。1999 年，整個宏碁集團的營業額是八十七億美金，2000 年大概會到一百多億美金，這是把企業內部的交易都刪除掉的營業額，如果不刪除企業內部的交易，集團營業額可能再加兩三成以上。現在整個宏碁集團有三萬四千個員工，其中半數是在海外；所以，如果和美國的企業相比，實質上，我們國際化的程度，全球化的程度，是不輸給一般美國企業的。

　　我們的營業分佈，台灣佔百分之十，歐洲佔百分之二十五，美國大概佔百分之四十，其他地區則佔百分之二十五。實際上，美國地區的營業額，當

然通過 OEM 及 ODM 的方式比較多。從市場的角度來看，ACER品牌在東南亞是第一，不過，在亞洲就吃鱉了。為什麼？例如，日本企業即使沒有開拓海外市場，只要他在日本國內市場最大的，就是亞洲第一了；大陸的聯想集團，經過兩三年，只是在大陸第一，我們的量就輸給他了；韓國的三星集團，只經營韓國的國內市場，他就比我們還大。等於銀牌拿了幾個都沒有用，少了一個大金牌，就是輸了。實際上，我們是很不服氣的；我們等於挑難的、小的都要去做，但是因為沒有一個足夠大的本地市場，所以就吃鱉了。

當然，針對美國的市場，我們最近把零售商，就是消費性的 PC 退下來，所以量就陸陸續續地減少；我們在美國市場 ACER 品牌的量，已經輸給其他任何一個地區。過去，美國是宏碁最大的市場，不過，也是虧最多錢的；所以，反正還是夠大就好了。不過，我們也有比較驕傲的，比如說，像在義大利的筆記型電腦市場，我們有 31% 的市場佔有率，這是很不容易達到的成果。

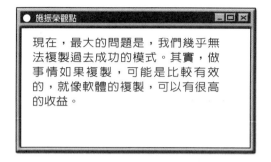

施振榮觀點

現在，最大的問題是，我們幾乎無法複製過去成功的模式。其實，做事情如果複製，可能是比較有效的，就像軟體的複製，可以有很高的收益。

為什麼我們可以做到？因為即使是同樣的產品，各個國家都會有所不同，那就是我不斷地強調本土化的觀念。行銷、服務是屬於本土化的競爭要素，像我們在義大利有一個非常強的本土團隊，就差這樣而已；在實際的經驗中，同樣的產品，在比較強勢的行銷就會得到比較好的成果。當然，比較強勢的行銷會反應說產品這裏有瑕疵、那裏不太理想、又怎樣，不過他照樣拿第一名。

如果是在打不贏的市場裡面，是沒完沒了，每天問題產品一大堆；反正，他就說他打不勝不是他自己的問題，是因為產品不好的問題；這是很奇怪的現象，好像也很難去改變這個現象。

宏碁的全球化 (I)

- 第一階段 （1981～1990）
  ── 出口自有品牌產品
  ── 分公司與配銷處
  ── 當地銷售與行銷團隊
  ── 987年更改品牌名稱及企業識別標示

- 第二階段 （1991～1996）
  ── 品牌管理全球化，經營管理當地化
  ── 主從式組織架構 (21 in 21)
  ── 速食店經營模式

　　如果我們從國際化的角度來看，實際上，宏碁國際化的部門中，最早成立的是採購處；我們在矽谷採購微處理機，把美國的技術帶進台灣來，所以，那是國際化的一部份，但還談不上是全球化。不過，後來就變成業務走在前頭，接下來研展開發，然後製造，甚至於海外合資等等；以下我就把整個宏碁國際化的過程，稍微說明一下。

　　宏碁是在 1976 年成立的，宏碁公司成立後，一直到 1981 年，實質上在國際化方面只有採購的業務，我們從國外採購微處理機，並替台灣的廠商做設計。接下來，1981年在科學園區成立宏碁電腦公司，就開始做外銷的產品，所以，他是一個以

Multitech 自有品牌及出口導向的公司。實際上，當時跟我們在一起的就是全友（Microtek），他也是走自有品牌的公司。

在 1982 年左右，由於我們兩家公司的英文名字，發音過於接近，曾經發生一個很大的玩笑，這個也是種下 1987 年我們改名字的原因之一。1982 年，我們參加了在東京舉辦的電子展，當時有一本雜誌將我們的小教授一號，誤植成 Microtek 的產品。因為 Microtek 跟 Multitech 都是 Tech（Tek）差不多，又是 M 開始；結果，從海外來的信件，讓全友接都接不完。這個雖然是一個笑話，不過，這個笑話是什麼意思？就是品牌也是非常關鍵的，這也注定了後來我一定要改品牌。因為，那個時候還有一個 Mitac（神通），也是有 M 跟 Tech。Mitac 現在還在，Microtek 現在也在，不過我們先逃了，不要 Tech 了。其實，以自創品牌而言，我們算是很順利了。

因為有創新，小教授一號進軍世界，具有絕對競爭力，所以它一炮而紅，當然，也給我們帶來很

大的鼓勵。不過，同時也碰到一些問題，其中的一個問題是，當時新加坡認為我們不是生產電腦的國家，所以她沒有興趣，縱使歐美國家可以接受我們的產品。這樣的例子，是形象的問題；因為歐美國家習慣看到產品就可以，亞洲人就會認為電腦這種高科技的產品，應該來自美國、日本等先進的國家，就是這樣一個很直接的形象而已。由於我們在個人電腦的研發及生產，也走在前頭，所以就一路順風，有一點搭了順風車，也就開始國際化了。

　　現在，最大的問題是，我們幾乎無法複製過去成功的模式。其實，做事情如果複製，可能是比較有效的，就像軟體的複製，可以有很高的收益。現在，我們經營所面臨的挑戰是，每要擴張一個，都是要重來的。比如說，我在哪一個市場做的不錯了，我不能用這個市場的經驗，如法炮製到另外一個市場去；或者，我做這個產品的經驗，像小教授一號的經驗，當然有幫忙，但是它跟做 PC 的又兩碼事了。所以，我們在擴充的過程中，實質上，是要不斷地建立新的核心競爭力，才能夠繼續擴充

的。

從另外一個角度來看，因為我們越來越成功了，實際上，也同時被市場拉著走，可以說是越陷越深，投入也就越來越多，不但人要投入進去，物也要投進去。所以，整個來說，我們要設很多分公司、配銷處，然後，就慢慢地在當地開始做行銷的動作。1987 年我們將公司的英文名字從 Multitech 改成 Acer，同時也採用新的企業標誌。

當然，1986 年的時候，我們有一個「龍騰國際、龍夢成眞」的計劃，召幕了很多人才；在 1987 年推出新產品、新標誌的時候，甚至有一個口號：「向世界第一挑戰」。那時候我們的規模還很小，不過人小志氣大；現在公司的規模大了，反而志氣變小了，所以，1999 年，我才說宏碁要成爲「世界第一、亞洲典範」。因爲，大家一忙後，就變得沒有志氣了，沒有志氣，當然能夠做到的成果，就受到很大的限制，這個是很現實的一個問題。

　　1988 年公司股票上市後，就開始走下坡了；1991 年到 1996 年這段期間，我們碰到挫折，所以，我們不得不做再造的工程。我們從現在的角度回顧那段歷史，實質上當時的 IBM 也是走下坡，後來是新的 CEO（執行長）把他轉回來，總共花了五年以上的時間。DEC走下坡後，就回不來了。1990 年Compag（康柏）雖然開始走下坡，但是在 1991 至 1992年間，他透過大殺價的手法，重新回來，變成世界第一；然後，最近這一兩年再開始又弱了。即使是 Dell，也有經營的低潮。所以，整個產品的

競爭，實質上是非常非常的激烈。

我記得我在做「龍騰國際」的時候，腦筋思考說，公司的規模大了以後，每年的成長率會從百分之二十五，變成百分之二十，再變成百分之十五，把它想成是很自然、

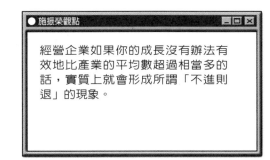

很正常的發展軌跡；因為絕對值越大，當然成長越慢。但是，有幾個例子，讓我完全改觀了：我看到的 Compaq（康柏）的成長，看到了 Dell（戴爾）的成長，還有後來宏碁再造之後，他的成長也是百分之三十、五十都有，還突然又變成百分之七十的成長。所以，我就發覺，經營企業如果你的成長沒有辦法有效地比產業的平均數超過相當多的話，實質上就會形成所謂「不進則退」的現象，這是我們在經營企業的過程中，必須很清楚認識的一件事。

宏碁的全球化（II）

第三階段 （1997～現在）
──全員品牌管理（Total Brand Management, TBM）
──全球化運籌管理／資訊化基礎架構
──顧客導向／顧客關係管理（CRM）
──加強智慧財產與服務事業
──新主從式架構轉為網際網路型組織

我們在第二階段的國際化裏面，因為面對很多挑戰，同時提出了很多新的概念，也得到初步的成效。但是，到了 1996 年以後，就開始產生了一些問題；1997 年之後，我們就重新再思考，要如何加強我們的品牌？我們在內部推行「全員品牌管理」（Total Brand Management；TMB）制度，把它當成像「全員品質管理」（Total Quality Management；TQM）制度一樣。

我們強調 TQM 跟 TBM 是
同一件事情，品牌管理就像品
質管理一樣，是每一個人的責
任；然後從我開始，由頭到尾，
所有的人都要介入TMB。因為，如果品牌無法
有效地管理，實質上，它很難建立品牌的價值；
所以，這是一個很重要的關鍵因素。

　　第二個關鍵因素是，個人電腦的生命週期那麼
短，降價的速度那麼快，汰舊換新的也是很快，而
全球運籌（Global Logistic），也要做整體的考慮。
當然，要做那麼大規模、數量那麼大的全球化運籌
管理，你一定要透過高效率的資訊技術基礎建設。
所以，就也在那時候，因為我們在做「全球品牌，
結合地緣」（Global Brand, Local Touch）及「主從
式架構組織」（Client-Server）的時候，都是各自為
政的；品牌的管理也是各自想辦法，只是有一個大
原則，供大家參考而已；所有的資訊技術、所有的
運籌管理，都變成是當地化了。

　　如果你看「微笑曲線」的時候，就會發現，我

透過「速食店經營模式」（Fast-Food Business Model），把原來組裝的部分移到行銷的地方做；所以，是把運籌管理放在當地。但是，在 97 年以後，發現這裏有一些問題了：有它的好處，也有它的瓶頸。比如說，庫存可能重覆很多；比如說，那麼多的在地市場都要有足夠的庫存管理的人才。我們怎麼有那麼多一流的人才，來管那麼多的據點？最多的時候，我們有 38 個裝配處，現在大概減到二十幾個了。上面這些問題，都是要從全球的角度來思考的。

因為各家品牌的 PC 沒有什麼差異化，所以，PC 的競爭只有靠產品是不夠的；因此，「顧客服務」（Customer Service）、「顧客導向」（Customer-Centric）、「顧客關係管理」（Customer Relation Management；CRM）就變的很重要。而如何利用現在的基礎，開始加強對智慧財產權的保護，及加強服務事業，也都變成是一個新的經營模式。

接下來就是「主從架構」怎麼面對未來事業的調整？因為，我們的「主從架構」中，任務的分配

是重新調整的；所以，面對未來，我如何來發展出一個新的「網際網路型組織」（Internet Network Organization）？雖然網路型組織會在管理上面產生很多的問題，但是，我只能說它所產生的效益，絕對比傳統的疊床架屋式的組織，應該要更為有效。

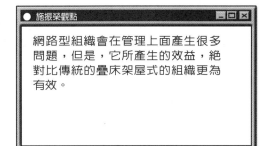

網路型組織會在管理上面產生很多問題，但是，它所產生的效益，絕對比傳統的疊床架屋式的組織更為有效。

宏碁從 RBU 轉為 GBU 的原因

- 內部價格轉移有爭議
- 小區域的規模無法執行策略性行銷
- 獨立的 RBU 沒有競爭力，也無法永續地有效經營
- 終端到終端（end to end）的流程再造，決策過程較為複雜

1989 年宏碁開始全球化的時候，我們就界定出「策略事業單位」（Strategie Business Unit；SBU）及「區域事業單位」（Regional Business Unit；RBU）兩種運作模式：RBU管地區行銷，SBU管研究發展、製造。

實質上，在 1989 年，當時全球所有的跨國企業，不管 IBM、HP、Philips 都是採用這種模式，也就是說，這是當時最流行的運作模式。可能是當時強調，企業在各個區域的事業單位，必須要當地化，所以該地區的行銷應該由區域的 RBU 做主；而產品則因為牽涉到策略發展，而且既有區域的運

作、品牌、及網路已經在裏面了，塞什麼產品都沒有什麼問題，所以產品的研究發展、製造就歸 SBU 管。但是，後來大家幾乎全部都放棄了，IBM 放棄，HP、Philips 都放棄這種運作模式，改成「全球事業單位」（Global Business Unit；GBU）的觀念。

宏碁的形況比這些跨國企業還更糟糕，因爲我們的 SBU、RBU 可能是獨立不同的公司，宏碁美國雖是同一個公司，但是不同的利潤中心。其他跨國企業不同的利潤中心，他們在做內部價格轉移的時候，當然還是會爭績效，不過，有爭執僵持不下的時候，只要大老闆出面仲裁，一句話就解決了。

宏碁呢？SBU、RBU 在爭價格的時候，老闆不能講話，其實是沒有老闆的；因爲，每一個公司的老闆不太一樣，我不是老闆，沒有辦法做主。就算我可以做主，做主只是不公平嘛：因爲我到底是代表甲方？還是乙方？甲方我的股權是百分之七十，乙方是百分之六十九，不一樣，差 1% 還是不一樣。就算一樣是七十，七十，不過，另外的那百分之三十的內容也不一樣，很難做決定。有很多的爭

辯會產生，這是我們最大的一個問題。

　　另外一個就是說，每一個區域都不夠大，所以，沒有辦法整合出一個全球的策略。比如說，今天宏碁在打馬來西亞是第一名的品牌，當 HP 策略性要進去馬來西亞市場的時候，他是看總平均的，所以，他說反正馬來西亞是全球的一環，在整個公司的策略之下，他可以用特殊的資源、價格來打這個市場。我們則是每一個地區、每一個國家各自為政；所以，每一個地方都有一套創造自己利潤的方法，那你就很難應付，更何況要整合出全球的策略。

　　另外一個例子，在拉丁美洲地區，我們都是領先的。不過，Compaq 或者 IBM 等美國的企業，突然有一天發現說，他們在美國本地市場賣不掉的貨，乾脆「倒」到拉丁美洲去了；宏碁在當地是第一名的品牌，我們不能倒，我們也沒有貨可以倒。所以，如果市場突然多出來美國貨， RBU 要自行處理，這樣當然沒有辦法形成一個全球的策略，這

是我們當時在執行 SBU、RBU運作模式最大的困難。

最後則演變成，每一個 RBU 無法獨立生存。本來新加坡已經上市，墨西哥因為經營的很強勢，都上市了，接下來就是美國要上市；原本 1994、1995 年發展的不錯，希望 1996、1997 年上去以後，已經都準備要上市了。結果，我們後來發現，整個產業的激烈競爭，使得事情變成不是那麼單純。如果每一個地區的 RBU 不具競爭力，而且他的營運模式不能永續發展的話，實際上，他就不能獨立了；雖然你講能獨立，但是沒有謀生的能力怎麼去獨立？這是一個基本的問題。

另外一個就「終端到終端」（End to End）的流程問題。本來是同一家公司，現在變成 SBU、RBU，所以，股東各有不同的想法、利益；當你要重新改變全球運籌的流程時，雖然其中有共同的利益，但是協調的時間就多了很多。我們有一個「21 in 21」（21 紀有 21 家上市公司）的概念，原來是在

「主從架構」下所產生出來的；當時的思考模式是，很多規劃要上市的公司是屬於 RBU，是要在海外上市的。不過，現在全部在海外的公司，都成了做行銷的公司；我們發現，除了在台灣以外，比較難有機會能夠獨立在海外上市。不過，反過來呢，我們上市公司的家數也不會減少，這是因為「全球事業單位」（GBU）的運作。

所謂「全球事業單位」就是任何一個獨立運作的公司，他的營業範圍是全球的。也就是說，他要自己行銷也可以，要透過原來設立出來在外面的單位做行銷也可以，要委託第三者、競爭者做行銷也沒有關係；這是由產品單位，自己做全球策略的思考模式。

在台灣的跨國企業在台灣的老闆，職位最高的那一個人是做公關的。比如說，HP 公司在台灣的總經理，產品不歸他管，損益不歸他管，他是在這邊「看家」的；實質上，下面每一個產品都有一個總經理，直接對美國負責，現在新的結構都是這樣

運作的。IBM 的情形也是一樣；所以，IBM 的總經理、HP 的總經理，都不是真正在管業務的人，現在，整個運作模式都改掉了。

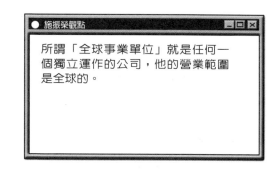

因為規模還小，我們花了兩年多的時間，改變了這個運作模式。Philips 最長，歐洲比較慢，可能快要十年了；IBM 恐怕也花五年，而且這個阻力是非常很大的。因為我們自己在改變這個運作模式的時候，也碰到很多阻力，所以才有機會去了解。我們到新加坡這些跨國企業的總部，去了解他們的經驗，才發現這些跨國企業比我們更辛苦；雖然他們是同一家公司，理論上是比較簡單，但是因為有很多基本的構想，在實際運作中，同樣會產生很多的困擾。

GBU的運作，要和「矩陣式管理」（matrix management）結合，下面的人，隨業務或行政等不同的角度，要向不同的上司報告。矩陣式管理對中

國人來說是最困難的，因為外國人比較有紀律，對誰負責、角色扮演都很有紀律，但是我們的角色扮演很亂。矩陣式管理是最少有兩個老闆，台灣的員工為了為自己開脫，很懂得在兩人之間製造衝突，讓他們不和。這有幾個原因：一，文化和客觀環境使然。我們是任何事要一開始就要人心服口服。美國人則是先口服，心服不服在其次。二，外國人已經習慣處理這些問題，而我們不習慣。有了問題先隱忍，慢慢就會造成心結，再造成情緒問題。三，制度。外國公司的各人之間分工清楚，每個人對自己的權責範圍有清楚的主張。四，敬業精神。這是一種文化，而文化的東西是長期累積的。以宏碁的「人性本善」文化而言，推動了多年，不但不是社會上的主流，連在我們自己集團裡保持也不那麼容易；它受到新進的人及社會環境很大影響。

總結

- 西方與日本的經驗可供參考卻不能照抄
- 台灣企業全球化需要獨特的模式
- 製造、研發、行銷的全球化，挑戰各異
- 對立足台灣的國際企業，需要投資學習全球運作的經驗
- 沒有所謂完美的全球化法則
- 胸懷世界公民的心態

　　我們的結論是，日本、美國的一些案例，具有很好的參考價值，但是我們不應該照抄。我不斷地在強調說，如果我們只是學習日本、美國公司的經驗，充其量我們只能變成二、三流或者不入流的美國、日本公司，所以，我們一定要有自己獨立的一些模式。當然，這個模式應該長成什麼樣子，因為跟產業的不同、規模的不同，可能會不斷地在改變；不過，多多少少，宏碁是積極地在嘗試開拓一個新的模式。

在國際化裏面，實質上，製造和研展的問題都不大，行銷這個問題挑戰是最大的。我們如果要從台灣做國際化，實際上是需要大量國際化的人才，否則，實在是很難有效地做國際化。還有，不要以為只有我們有挑戰，美國企業、日本企業也是如此，家家有本難念的經，但是又不得不做；所以，他們也一直不斷地在調整，研究出新的方法。

　　不過，有一個我覺得是很重要的觀念，就是世界公民的心態。因為，在國際化的過程裏面，當你到當地的環境，本身就是一個企業公民；如果你把自己定位成一個世界公民，以當地的利益來思考、來營運，你的國際化運作應該會比較順利。我覺得世界公民這個基本的心態是最重要的，世界公民的心態就是：到哪裡，就把自己思考為那裡的公民。盡當地公民的權利和義務。守法而不要帶些壞習慣過去，重演醜陋的日本人、台灣人等等。總之，我們追求自己的利益，但我們也不破壞當地的利益。

孫子兵法
地形篇

孫子曰：

地形：有通者，有挂者，有支者，有隘者，有險者，有遠者。我可以往，彼可以來，曰通；通形曰：先居高陽，利糧道，以戰則利。可以往，難以返，曰挂；挂形曰：敵無備，出而勝之；敵有備，出而不勝，難以返，不利。我出而不利，彼出而不利，曰支；支形曰：敵雖利我，我無出也；引而去之，令敵半出而擊之，利。隘形曰：我先居之，必盈之以待敵；若敵先居之，盈而勿從，不盈而從之。險形曰：我先居之，必居高陽以待敵；若敵先居之，勿從也，引而去之。遠形曰：勢均，難以挑戰，戰而不利。凡此六者，地之道也；將之至任，不可不察也。

故兵：有走者，有弛者，有陷者，有崩者，有亂者，有北者。凡此六者，非天之所災，將之過也。夫勢均：以一擊十，曰走。卒強吏弱，曰弛。吏強卒弱，曰陷。大吏怒而不服，遇敵懟而自戰，將不知其能，曰崩。將弱不嚴，教導不明；吏卒無常，陣兵縱橫，曰亂。將不能料敵，以少合眾，以弱擊強，兵無選鋒，曰北。凡此六者，敗之道也；將之至任，不可不察也。

夫地形者，兵之助也。料敵制勝，計險阨遠近，上將之道也。知此而用戰者，必勝；不知此而用戰者，必敗。故戰道必勝，主曰無戰，必戰可也；戰道不勝，主曰必戰，無戰可也。故進不求名，退不避罪，唯民是保，利合於主，國之寶也。視卒如嬰兒，故可與之赴深谿；視卒如愛子，故可與之居死地。愛而不能令，厚而不能使，亂而不能治；譬如驕子，不可用也。

知吾卒之可以擊，而不知敵之不可擊，勝之半也。知敵之可擊，而不知吾卒之不可以擊，勝之半也。知敵之可擊，知吾卒之可以擊，而不知地形之不可以戰，勝之半也。故知兵者，動而不困，舉而不窮。故兵知彼知己，勝乃不殆；知天知地，勝乃可全。

＊本書孫子兵法採用朔雪寒校勘版本

地形篇

地形：有通者，有挂者，有支者，有隘者，有險者，有遠者。

　　孫子兵法談了六種地形，認爲是帶兵作戰所不可不察的。

　　第一種，是我們可以去，對方可以來的，因此先佔高陽，利糧道的，叫「通形」。

　　第二種，是我們可以去，難以回的，叫「挂形」；這種地形，敵方如果沒有防備的話，固然可以出而勝之；但是萬一敵方有備，出而不勝，那就難以後退，十分不利。

　　第三種，是我們出兵不利，對方出兵也不利的，叫「支形」；遇上支形，如果是我們守，敵方再怎麼引誘我，也不出戰；如果是我們攻，那麼就要佯裝退兵，把敵方引誘出來，在半途伏擊。

　　第四種，是「隘形」。我方先佔，就設法以逸待勞；如果被敵方先佔，看對方是否以逸待勞；是的話，就不要強攻。

第五種，是「險形」。我方先佔，必居高陽以待敵；如果敵方先佔，就退兵。

　　第六種，是「遠形」。雙方勢均，難以挑戰，戰而不利。

　　相對之下，商場是活的。同一個東西會隨時間之不同而變化。所以，即使是同一個市場，也可能分幾種地形：

　　一、處女地，待開發。在這種地形，要量力而爲，注意不要過份投入兵力。如果對的話，可能劃地爲王。但也不要一廂情願，要非常敏感，隨時注意市場上的反應，看看情況是否和自己原先的期望相符。如果不符，由於還是處女地，不必放棄，但可以放緩。

　　二、黃金地，隨便怎麼做都可以。遍地黃金，怎麼揀都可以，但要注意適可而止，不要貪；貪得過份，會出紕漏。同時，要注意金礦的含量到底有多少，又有多少人在開採，以供自己接下來行動的參考。

三、勝負地，已經進入優勝劣敗的關鍵時期。要注重核心競爭力。要以 Bench Mark 來判斷自己和競爭對手的形勢，以三、五個核心競爭力來看自己到底有取勝的本錢，還是露出被對方擊倒的弱點，然後據以進行決戰。

四、撤退地，這種地是不但談不上投資報酬率，甚至是怎麼做怎麼賠，這時要設法全身而退；人力、資金、庫存、設備，都要全身而退。當你連續幾年的努力都不得要領時，不要不信邪。

故兵：有走者，有弛者，有陷者，有崩者，有亂者，有北者。凡此六者，敗之道也；將之至任，不可不察也。

帶兵如果出現六種情況，就可看出敗象。

雙方勢力相當，你卻佈出以少敵眾的局面，叫「走」。

小兵強而士官弱，叫「弛」。

士官強而小兵弱，叫「陷」。

大的士官對將領怒而不服，遇上敵人就慇而自戰，將領則不知他的能耐，叫「崩」。

將領弱而不嚴，教導不明；吏卒無常，陣兵縱橫，叫「亂」。

將領不能料敵，造成自己的險局，叫「北」。

企業的領導者除了以上的評估之外，要避免自己的人力露出敗象，最上乘的方法是根據自己的人力資源，來判斷打哪一種戰爭最適合，再投入人力。譬如說，自己的人不多，又富有開拓精神，那就適合投入處女地。

當然，也有公司根本就不看處女地，要進就只進黃金地或勝負地。

故戰道必勝，主曰無戰，必戰可也；戰道不勝，主曰必戰，無戰可也。故進不求名，退不避罪，唯民是保，利合於主，國之寶也。

　　孫子指出一個將軍應該有所擔當，必勝之戰，就算國君下令不要打，他還是要打下去；打不贏的戰爭，就算國君下令一定要打，他還是不該打。這樣的將領，他進兵並不是求名，退兵也不怕承擔罪名，他心裡想的全是如何保衛人民，如何有利於國君，這才真正稱得上是『國之寶』也。

　　這個情況在今天的商場上，大有不同。

　　過去在戰場上，由於交通和通訊的不便，沒有溝通的機會，所以才說君命有所不受。現在的商場，一切都是零時差。所以要善加溝通、說服，要善於管理上司。上司不同意，也要好好和他談，說服他。除非你已經有充分授權，否則不能各做各的。

　　今天商場上，不像古代的戰場，每天無時無刻不在戰。因此，企業裡的將，要在平時就努力建立自己的成績、信用，讓公司相信你。企業裡的將，要懂得管理上司，這樣才有助於帶底下的人。

在這種地形作戰，敵人無防備時出擊，可以取勝；如敵人有防備時出擊，不易取勝。

挂形

凡是易於進，難於退的地形，是「挂形」。

而且敵人如斷我歸路，難以退兵，所以是很不利的。

支形

凡是我出擊不方便，敵人出擊也不方便的地形，是「支形」。

視卒如嬰兒，故可與之赴深谿；視卒如愛子，故可與之居死地。愛而不能令，厚而不能使，亂而不能治；譬如驕子，不可用也。

孫子指出帶兵之道，應該像是把士兵看作是自己的子女，這樣才能共赴生死。不過，不能溺愛。否則就像是驕慣的子女，不能用。

企業的用人、帶人之道，是一致的。

今天的問題是：下屬和上司，員工和公司之間的關係，可能很淡薄。但再怎麼淡薄，在一起工作的那三個月或三年，還是要好好照顧他們。然而不能不公平地照顧，也不能照顧到養成壞習慣，因為最後還是要打仗。

通常，會把員工驕縱壞的，都是非常賺錢的企業，或是像國營企業這種太安定、太有保護的企業。

這種地形，敵人儘管引誘我，我也不能出擊，可以帶兵退去，使敵人來追⋯

等敵軍有半數進入這種地形時，再回頭攻擊，才會造成有利的局面。

至於「隘形」，我應該設法先佔據住，守住隘口制敵。

如果敵人先佔據隘口，而且在隘口佈置設防，絕不能強行通過。

隘形

如敵人佔據隘口但是不在隘口設防，雖佔據地形，就可以設防，進攻也可以考慮。

知吾卒之可以擊，而不知敵之不可擊，勝之半也。知敵之可擊，而不知吾卒之不可以擊，勝之半也。知敵之可擊，知吾卒之可以擊，而不知地形之不可以戰，勝之半也。。。。故知兵者，動而不困，舉而不窮。故兵知彼知己，勝乃不殆；知天知地，勝乃可全。

孫子說明了作戰需要知道自己的條件與情況，需要知道對方的條件與情況，還需要知道地形的條件與情況，對其中任何一點的掌握不足，都只能有一半的取勝把握。因此，要取得完全的勝利，不但要知己知彼，還要知天知地。

從核心競爭力的bench mark來判斷，就是知己知彼。

從市場來判斷，就是知天知地。

但是商場還是比戰場好太多。因為戰場是地方只有這一個，所以不能不打。而商場在知己知彼之後，可以選擇根本不打這場仗。

所以，順勢而為，商場真的可以不必兩敗俱傷。

險形

險形是重要險關要口，
應先期佔領，並依據
其制高點，以等待敵人。

快撤退！

如敵人先佔有時，
當即引軍他去，
千萬不可妄行攻擊之。

遠形

遠形是敵我相距甚遠，
此時若勢均力敵，兵力相等，
雙方都難以挑戰，更難取勝。

以上這六
種，是地形
利用的原
則，也是主
帥的首要職
責，不能不
仔細體察。

問題與討論
Q&A

Q1 在宏碁進行國際化的過程中，如何有系統地培養人才？

A 雖然國際化需要貿易，但是所謂國際化的人才，不僅僅是貿易人才；要國際化，除了國際貿易的考量以外，對產品、對技術等等，都需要具備一些知識，這樣他慢慢才能夠國際化。所以，從我們經驗來講，我們自己並沒有很好的訓練，都是從內部工作，獲得一些經驗以後，就投入國外第一線戰場了。

1980 年初期，因為難得有機會到國外去，尤其一待要待一兩年；當時，我們認為國際化這個學習的機會，應該大家來輪流。所以，我們規定每兩年一任，時間一到就要把他調回來；後來發現，問題沒有那麼簡單。因為在國內的職位，兩年之後變化很大，回來的人不一定有最適當的職位；而且我們過去到海外的人，回來後都要重新再學習。事實上，那時候我們流失很多派外人才；現在在電腦業界很多國際的人才，大概都是那個時候我們流失的。

後來我們就改變了，五年再輪調也可以嘛。到最後最大問題就變成，小孩子回不來了；小孩子在國外要教育，但回到台灣卻會接不上。這個問題，實質上是我們台灣要國際化，所面對最大的一個挑戰。

我們在教育訓練中間，也曾經有思考過各種不同的訓練課程，但是，後來發現，這些都是非常有限的；所以，現在唯一能做的就是，國外一設立據點，我們就派人過去。現在我們在三十幾個國家有據點，有些國家，像德國、義大利等還算好，但是呢，有的國家根本很難吸引人到那邊去；所以，我們甚至於有「苦難加給」，給比較需要的國家，像印度也是苦難加給，而且你肚子要特別好，免得水土不服。類似這樣的問題很多，所以，包含整個制度，問題都是蠻大的。

我認為解決這個問題的有效方法就是不吝於投資，一方面是業務的需要，一方面是認為長期非訓練這些人才不可。反正這個人才最後流到哪裏不重要，包含有一天再流回來，甚至改做其他的工作，但是他那個經驗，對於台灣資源有效的運用，都可能提供一些意見和貢獻；從這個角度來看，就變成積極不斷地長期的投資是絕對必要的。是不是有效，以後再說；只要我們付得起，我們就認為值得投

資。現在，我所期待的是，不要只有少數公司來投入，應該更多的公司來投入；之後，縱使人才流動也沒關係，反正池子裡的人才夠多就可以了。這個就是美國企業的做法：美國企業界培養了許多人才，美國企業要國際化的時候，透過職業仲介者隨便就可以找到人。所以，這個也是我們台灣企業，未來要國際化所必備的基礎。

不過，話又講回來，可能我們的國際化，要稍微有一些分類。原因之一是，製造的國際化，問題不大；尤其到大陸、東南亞、甚至到墨西哥去，因為，製造反正我們能夠有效地掌握。不過，實質上我們在大陸、在墨西哥的國際化製造運作，借重很多馬來西亞人，就是因為台灣的人才數量還是不夠。尤其台灣員工被派到美國，大家都一定去的，因為可以在那邊享受一下；但是，其他地區要讓台灣員工去離鄉背井，就不是那麼容易了，這個承諾是很深的。所以，我們有時候反而是借重在馬來西亞我們所培養出來的國際化人才。

Q2 企業以全球公民自居，但是要做好全球公民，最重要的是回饋地方，宏碁有沒有比較有效的做法？

A 我一直認為把企業經營好，不賺不該賺的錢，不壓榨勞工，讓勞工充分就業，讓勞工能夠成長，對當地的整體社會水準能夠提高，就是回饋地方了。比如說，我們到大陸去，那一些作業人員受到了教育訓練，他們在生活起居各方面已經有一些新的概念，他們對那個地區就會產生很大的影響。

所以，我覺得所謂的回饋，不是在當地捐錢之類的，不要光從這個角度來看。就像我認為宏碁在台灣，我們也積極透過宏碁基金會做事情，來回饋社會，但是，這並不是世界公民的表達；而是說，好好地把宏碁經營好，把人才訓練好。我想如果把世界公民的角色和你把事情做好結合在一起，把兩件事變成同一件事情的話，就沒有額外的負擔。但是，你一定要用世界公民的觀念，來做出發點：不能說，我今天有機會，就先想辦法賺錢，不管是否會造成環境汙染，或者壓榨當地員工，或者不照規矩繳稅等等，這個當然就已經不是世界公民了；甚至連做為當地的企業公民，都不夠資格。所以，我想把複雜的事情，有效的整合，事情會比較簡單容易一些。

Q3 就台灣企業而言，有哪幾種國際化的方法可以培養？

A 國際化如果從功能的角度來看，可以分為製造、研展、行銷、財務甚至人力資源管理等等；但是，從人才的角度來看，不是這樣分的。財務的人才可能很了解台灣的金融環境，當要國際化的時候，還要了解當地銀行的關係、熟悉他們的一些基本的條件。此外，人事也要國際化；不但要熟悉當地所有的勞工法令，連怎麼樣去找人、訓練人也都要重新學習。

製造、研展是比較沒有問題的，但是行銷就不一樣了，行銷必須了解當地市場。由於當地的市場習慣是不一樣的，應該透過什麼行銷管道？條件應該是怎麼樣？每一個地區都不一樣。不能用台灣的想法，硬套到國外去；所以，這裏面就有各種熟悉不同功能的國際化人才，他必需要接受更廣泛的訓練，更需要瞭解，國際上各種不同慣例和商業行為。

台灣企業常透過購併美國公司，直接取得品牌、行銷等能力，進而達到國際化的目的，這種模式有什麼地方值得注意？

 這種透過購併的模式，前提是基於兩個條件：第一個條件是，品牌和現成可能繼承的一些行銷管道，還有最重要的人才，都是我們所要的。第二個是，我們一定要假設，要打贏這場仗，我們的技術、產品是具相當的競爭力，足夠來支援產品國際化的運作。

假設這兩個條件都有了，在我們的經驗裏面，仍存在著一個最大的問題那就是行銷。行銷單位的計劃如何取得產品單位的資源，也就是共識啦。因為，產品的策略非常的廣泛，如果大家有共識的話，力量就集中；如果各持己見的話，就產生很多問題。

第二個是在行銷計劃的量方面。一般來講，業務單位都是比較樂觀的，在我們的這個產業，一不小心就是過量變庫存，這個是經常發生的，怎麼樣控制？所以，庫存的控制是一大問題。常常會有一個現象：好賣的產品缺貨，不好賣的產品庫存一堆；你是否懂得怎麼推動，把不好賣的產品也能夠賣出去？否則，他就一直只賣好賣的，到最後你會虧很多。

第三個是管銷費用。一般來講，他們都會比較習慣於把錢花在前頭：提出一個很好的市場計劃和行銷預算說服你接受，然後就照計劃行事；但是，實質上當客觀因素已經改變的時候，例如銷售狀況不如預期，或市場已產生大的變化，他不會尋求煞車或者調整的動作；他會說，這個是你已經核准的預算計劃。於是，你把資源用在那個市場，就變得比較無效，這個也是比較常發現的一個問題。

Q5 在國際化過程中，如何讓企業主管與員工進行有效的溝通？

A 本來我們把國際化的組織分成「策略事業單位」（Strategic Business Unit；SBU）及「區域事業單位」（Regional Business Unit；RBU）兩種運作模式：RBU管地區行銷，SBU管研究發展、製造，大概是一前一後。它們是任何一件事情都有溝通的必要，所以，彼此就要不斷地掛勾。因此，彼此之間的溝通協定要做好，內部價格轉移要弄好，規格也要弄清楚；否則，前段跟後段會永遠扯不清楚。

RBUH和SBU的運作、意見實在很難趨於一致，所以我們把這個運作模式改成「全球事業單位」（Global Business Unit；GBU）的觀念，GBU的責任是從頭到尾的都是 Global 的。Global 對我們而言有兩個意義：地理的 Global以及一件事情從頭到尾，全面性的也叫做 Global；所以，這個 Global Business 就表示，所有的成敗他都要負責。

在宏碁集團，不管是做電腦的跟做掃瞄器的，或者做顯示器、手機的，都是 Global；我們每一個都是 Global，Global 跟 Global 之間的溝通非常有限，都要自己作主的。所以，整個網路管理就變成簡化很多，到最後要協調的就是透過 Global Management。但是真正在做Global Management的，可能最普遍、瓜葛最多的就是「全球品牌管理」（Global Brand Management；GBM）。

因為，我的定位和你的定位一定不一樣，很多事情，就互相影響到了，價格也衝突到了；所以，這個衝突就在GBU來做協調。其他方面的，比如說管理經驗的分享，就算都不做也是可以生存。所以，你就把 GBU 當成每個企業都是完全獨立的，也沒有什麼了不起；唯一有瓜葛的，就是大家共用一個 Acer 品牌的時候，所產生的問題，其他的就很少了。

台灣本地市場太小，其他國家的國際化經驗也只能參考，無法移植，你認為台灣企業最理想的國際化模式是什麼？

我認為世界上沒有理想的國際化的模式，每一種模式或多或少都會有利也有弊。日本的模式是不是有效？不一定！有他的利，有他的弊。反過來是說，現在我們看得見的，日本、美國、歐洲的模式，應該還是不適合我們用，因為客觀環境不一樣。所以，我們不得不自己再發展新的模式。

實質上，就在宏碁集團，可能各個「全球事業單位」的模式都不一定會完全相同。但是，至少我們對於共通的特點，比如說你的市場很小，有很多都可以共通的話，你可能會發展出一些新的模式。因為我們基本的出發點不會跟歐美一樣，所以那些出發點變成我們的準則，也就是台灣企業要國際化的準則。

所以，我才說我們如果繼續在國際化的過程中要打自己品牌，在銷售上可暫時不要以歐美市場為主，但是你仍然是要到歐美國家去製造形象；你要在他的專業雜誌中，常常拿「最佳採購商品」（Best Buy），或者你要參加他們的很多產品的比賽，先拿獎牌但是不賣；雖然他們對你的產品愛的要死，不過買不到，這樣最好，因為你賣越多虧越多嘛。但是你可以做 ODM，或者有一天用「品牌聯合經營」

（Join Brand Name）的模式，這當然不是很容易的。1986 年左右，我曾經考慮跟一些美國公司和一些日本公司，一起來經營美國市場；因為我發現日本公司也進不去美國市場，而美國公司雖然有很好的品牌，但是缺乏技術和產品，他也沒有進去這個市場。於是找他們合作，看看是不是有機會在當地建立品牌形象，我們不賺錢都沒關係，錢讓我們當地的夥伴去賺，我們只要賺那個品牌的形象；因為在美國名列前茅，我就可以利用那個品牌的形象，打世界其他的市場。

但是，到目前為止，談到打品牌形象，到歐美市場還是沒有什麼好成績；除非你的東西和別人的不一樣，而且這個不一樣是有道理的不一樣，是在價值上有不一樣，那麼市場就存在，當然還是大有可為的。但是，很不幸地，現在的PC 就是 PC 嘛，好像也玩不出什麼花樣，變不出什麼把戲。

Q7 宏碁在義大利有很強的團隊，爲什麼這個模式無法在德國、法國、英國等歐洲國家如法炮製？

A 我們在歐洲的業務，早期是北歐很好；北歐因為國家小，我們交忖給當地的合作的夥伴，他就可以替我們打得很好，不過，北歐再好市場也是非常有限。後來因為我們歐洲的據點設在德國，所以，我們在歐洲目前來講，德國算是不錯的；宏碁在德國的筆記型電腦應該是第三名、第四名，也算是不錯的。

實質上，在義大利我們過去一直是做得非常差的，不得要領。後來，我們把原來的代理換掉，結果被告了；他們告是沒有道理的，但是因為他們是地頭蛇，反正你是外國人就被欺負了。我們搞了三年，贏了官司也沒有用，整個市場都沒有辦法有效地掌握。其中很奇怪的是，他們運用什麼叫做「假扣押」的？在台灣，假扣押你要自己拿一筆錢去法院作保證，法院才會替你執行假扣押，但是在義大利，他不要拿錢就可以把我假扣押，而且還假扣到荷蘭去，我也不曉得為什麼？到現在還搞不太清楚。不管怎麼樣就是說，我們真的是到一個陌生的地方，這場仗是不好打的。

後來義大利為什麼會完全改觀？很簡單，就是我們買 TI（德州儀器）的時候，筆記型電腦那個團隊，本來在義大利就是第一名；本來 TI 的產品，也是我們做的，只是改一個品牌而已。所以，就繼續沿用 TI 原來的品牌及團隊，結果就越來越強。我們買 TI 當然還有其他枝節，有些地方也許還不錯，有的就不是很理想；在美國的結果是不好，因為人都散掉了。但是，義大利這個團隊，卻是做得非常好；而且筆記型電腦做好以後，現在再包含桌上型電腦、伺服器就都帶到義大利的市場，甚至連顯示器等其他產品線，都因為這個團隊，而一直在擴張。

為什麼我們無法將義大利的模式，在歐洲其他國家如法泡製呢？其實，真的要如法泡製可以，可是可能只有十分之一。現在是，高階主管管泛歐，但是下面員工卻不能移植；下面是一個幾十人的團隊，你怎麼移植？語言說不定都不通，義大利人不一定會講英文，所以不是全部都能夠移植的。就算上面的人能夠幫上忙，下面沒有很好的一個團隊，還是很難打仗的。

「全球事業單位」的組織模式聽起來有一點像以產品線來定義，這樣會不會反而造成資源分配的問題？

「全球事業單位」（Global Business Unit；GBU）確實是以產品線來定義的一個概念。例如，為了要解決筆記型電腦的個問題，我們要在各區域成立一個「區域運作中心」（Regional Operation；RO），本來是「區域事業單位」（Regional Business Unit；RBU），現在已經不是「事業單位」了，已經被 Global 貫穿了，所以他變成一個 RO。

例如台灣是亞太「區域運作中心」的一個國家，就是「國家運作中心」（National Operation；NO）。所以，你現在所看到的這些跨國企業的總經理，是各 NO 的老闆，同時也是總部的員工。RO 或者 NO，下面有各個產品的團隊，是跟 GBU 整合在一起的；所以，現在的這個模式，叫做「矩陣管理」（Matrix Management）。也就是下面這些人呢，從生意的角度是報告給 GBU，從當地就近管理的角度，他要報告給 NO。

Global Business 也就是說產品終端到終端的所有事情，裏面包含產品的競爭力、運籌有效性、行銷的策略、主要的市場區隔在哪裏等等，每一個環節都影響到這個產品的成敗；因此，一定透過 GBU 自己來管理，來負責他的成敗。

至於所謂「矩陣管理」並不是因為有 GBU 的模式才產生的；可能在任何一個公司，原有的組織裏面可能都有這種管理模式。比如說，專案經理針對專案的部分要對那個專案的老闆負責，另外一個他原來的功能他也要負責，所以兩者可能是混在一起的。

「矩陣管理」對中國人是最困難的。美國人因為對工作的定義很清楚，他是比較有紀律的；他習慣於在做事情的時候，對角色的扮演，及該對誰負責分的非常清楚。我們在角色的扮演，就是比較紛亂，很容易將自己的定位搞亂了。

我舉一個最有趣的例子，其實我們從小就學會製造爸爸媽媽的衝突，這個就是「矩陣管理」。小孩子面對兩個老闆，「矩陣管理」有兩個老闆嘛；所以每天當他要找藉口的時候，只要製造他們兩個人衝突就好了。所以，「矩陣管理」在中國人的組織裏面很難管；因為下面的藉口就會讓上面的不合。就像爸爸媽媽吵架，大部分的原因都是在爭小孩子對不對；所以，我們面對也是同樣的問題。

Q9 你所鼓吹的願景、理念或一些國際化觀念，如何讓宏碁全球的員工都知道？

A 宏碁早期的發展在這方面，實際上是絕對做得不錯的。因為不管是幾百個人到幾千個人，我們透過公司內部刊物的溝通，尤其宏碁有很多是借重媒體的有效性，可以透過媒體看到宏碁的很多活動或者想法，所以，整個溝通是掌握得還不錯。

但是由於國際化所產生的地緣的擴張，就出現語言以及興趣度的問題。我們台灣發生的事情，本地的員工多多少少興趣度較高，海外的人反正來上班完了就不管了，對公司的興趣度不是很高，所以他不一定需要去了解。再加上整個組織變得龐大，不可能說利用上面的一句話，整個就貫穿到下面，即使是文字可以講得很清楚，因為這裏面仍有很多不是只有文字的。它是透過行為的，每天事情發生，不斷地在重覆這樣一個訊息，所以這個變成是最大的一個挑戰。

因此，當我們在做「全員品牌管理」（Total Brand Management；TBM）的時候，是從頭來的。講到「品牌願景」（Brand Vision）時，整個特質都要去重新定義；好了以後，就開始做教育訓練，甚至於我們現在就要用現代科技工具。現在用工具最多的，像我所了解的 CISCO，因為他變化的那麼快，John Chambers 總裁有什麼講話，全部是用影像，在公司的 Intranet 裏面全部看得到。這個我們也非做不可，就是透過這種模式，透過現在的科技，達到比較有效的溝通方法。

問題是，我們要把這種精神講得很清楚的話，語言是一個很關鍵的。但是我們用英文就打了一個折了，因為很多東西太新了，你自己都還在醞釀之中，用國語都講不太清楚了，何況要講英文？所以，有很多新的理念，不是那麼容易溝通的，不過，我想我們也是非做不可的。

Q10 國際化是不是一定要有品牌？如果宏碁沒有自有品牌的話，在國際化上會不會做的更好？

 什麼叫做品牌？品牌分成兩部份：一部份是消費者熟悉的品牌，另一部份則是產業間的品牌。在全球化或國際化的過程中，有製造，有研展，製造、研展不一定要有品牌；但是當已經談到行銷的時候，你一定要有品牌；所以，國際化一定要有品牌。

我們今天談的所謂國際行銷的定義，都應該是談比較廣泛的一個消費市場；我認為以台灣的企業如果沒有創新的產品或創新的事業運作模式，可以不要做全球化的行銷，因為那是一個很吃力的很吃力的工作。或者說做區域性的國際化可以，不要做全世界的全球化的行銷。

Q11 從產品差異化的角度來看，台灣的資訊產業是不是會走向提供整體解決方案的方向？

我們先分兩部份來談：現在行銷裏面有訂製的服務，像車子雖然都是同一款車型，不過最後的顏色、沙發或者配件都可以訂製。本來所謂的訂製是說，針對幾個特定的部分來做訂製，現在又有所謂「大量訂製」（Mass Customization），針對無限個特定的部分，給客戶做無限的選擇。

針對這個問題，我就提倡X電腦，所謂的 X 電腦並不是量身訂製的，X 電腦是為大眾市場所訂製的，就是針對大眾市場的需求，去開發一種特定規格與功能的專用電腦；所以，這裡面有幾個不同的因素，和產品的差異性有關。

另外，從消費者的角度來看，除非他是買你的零組件，在他腦筋裏面，自己已經有解答了，否則，他要的是整體的解決方案。因為，沒有人說只買一個東西，消費者買就是要用，就是要達到所需要的功能及效果。

過去的個人電腦要變成整體的解決方案有兩種管道：一種是透過「有附加價值的經銷商」（Value-Added Retailer；VAR）來提供一個整體的解決方案（Total Solution）；另一種是你買的個人電腦只是硬體而已，你必須再買套裝軟體才能組合出真正可用的整體的解決方案。

XC 跟 PC 最大的不同就是它要多一個整合的方案，而且包含服務在裏面。如果從這個角度來看，這也就是今天為什麼 XC 並沒有普及的原因，就是因為沒有整合的方案。XC 是整合方案中的一個零組件，只是這個零組件是比較簡單、比較便宜、有效的零組件；所以，XC 一定要跟你的服務整合在一起，對消費者產生有價值的利益之後，才能夠普及。

比如說，像 CD 唱盤，CD 唱盤為什麼花那麼多的時間才被接受？是因為音樂 CD 唱片要非常非常普及，而且很便宜的時候，CD 唱盤 自然有一個解決方案；因為，消費者不會單獨買一個 CD唱盤嘛，一定要有解決方案，就是說跟音樂 CD 唱片要整合在一起。

如果說我們要有效地掌握 XC 的整體解決方案，在哪裏可以做到？只能從台灣開始，不可能到海外去。就算美國企業要提供整體解決方案的時候，由於他不會做 XC 不會做 IA（資訊家電），所以，他只好到台灣來找合作對象；所以，最終產品和解決方案整個是一體的，要一起考慮的。

附 錄 1
施振榮語錄

1.

從事研發與行銷的的投資，最怕的並不是遭遇挫折，而是重複繳學費卻不得要領。要避免這個狀況，就必須真實地記錄過程並傳承經驗。經驗分享於己無損，而分享的層面愈廣，社會資源的損耗愈低。

2.

在尚未完全自由化的市場中，不論你的競爭力如何，只要不比別人差，你還是可以生存。現在，自由化之後，大家都可以做，所以你一定要做到國際的水準才可以，否則，你便會活不下去。

3.

能夠不斷挑戰成本的極限，以享受低利潤來擴大電腦的使用層面，這可能是比技術創新更加不容易的工作。

4.

如果有更多企業以降低成本、服務更多的客戶來支持創新，而不是以高價位、高利潤來供養研發，相信是人類更大的福祉。

5.

我們台灣是很小的一個地方，但是，我們又要做全世界的市場；所以，我們的東西，當然一定要思考到說，做出來，不管是產品的品質，還是經營的模式，都一定要具有國際的水準，否則是很容易被自由化、國際化的浪潮所淹沒的。

6.

宏碁的經營理念並不在於賺多少錢，雖然，實際上我們是在創造利潤，但更重要的，是對人類未來做出更大貢獻的承諾。

7.

企業在本土市場裏面，也是希望能夠在自己的本土市場中，發展自己的核心競爭力，這些核心競爭力才能夠讓全球市場來分享。所以，本地市場的大小，對企業的發展扮演一個關鍵的角色。

8.

身為一個領導人，要帶動一個企業，必須要借重別人的力量，順勢而為。既然如此，就必定要先了解別人的想法，並認同別人的期待。

9.

光有理想仍不能使組織有效運作，還必須創造凝聚團隊精神的環境。

10.

網路時代，全球化的速度快，成本低，但是一定要是一流的水準。而建立這一流的水準，要從本土開始。

11.

用成本加利潤等於價格的思考，有一個盲點，萬一某個產品供過於求，價格不斷下跌，不但把利潤跌掉，甚至跌到成本以下呢？何況，就經濟活動

而言，價格不是一個固定的東西，本來就是供需決定的，很動態，所以本質上就不該用固定的成本加利潤的模式來思考。

12.
未來，以趨勢而言，應該是以價值來訂定價格。不過，要注意，價值是隨時間與空間而有異的，不應該輕易以別人的價值為價值。有形產品還好，無形產品的價值更是沒有準則可言。

13.
只有當我們能夠有效地掌握中國大陸的市場，將中國大陸的市場變成是我們的本地市場的時候，才有機會以自創品牌，在世界上取得一席之地。

14.
日本企業對於全球，對於歐美文化的了解，不深。所以過去的創新優勢，都是理性的。譬如怎樣做功能更多，品質更好等等。

15.
嚴格來講起來，我們的產業，整個台灣經濟的產業，是做製造的產業。我們還沒有做到行銷這件事情。

16.
經營企業如果你的成長沒有辦法有效地比產業的平均數超過相當多的話，實質上就會形成所謂「不進則退」的現象。

附 錄 2
孫子名句及演繹

1.
三軍之衆，可使必受敵而無敗者，奇正也。

2.
兵之所加，如以碫投卵者，虛實也。

3.
治衆如治寡，分數是也。
鬥衆如鬥寡，形名是也。

4.
色不過五，五色之變不可勝觀也，
味不過五，五味之變不可勝嘗也，
聲不過五，五聲之變不可勝聽也，
戰勢不過奇正，奇正之變不可勝窮也。
奇正相生，如循環之無端，孰能窮之哉。

5.
善戰者，求之於勢不責于人，故能擇人任勢。
任勢者，其戰人也，
如轉木石，木石之性，安則靜，
危則動，方則止，圓則行。

6.
故善戰之勢，如轉圓石於千仞之山者，勢也。

下棋
↓

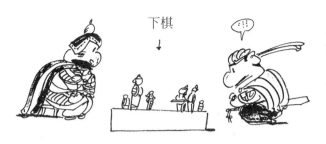

善戰者，只會在戰爭態勢上尋求勝利，而不會苛責他擁有的籌碼……

因為他能選擇適當人材，造成戰爭的有利形勢。

將軍

將它放在陡斜的地方，它就滾動…

他與敵作戰，好像轉動木、石一樣…木石的特性是，將它放在平地就靜止不動。

高明的將帥造勢，就如同把木石從
千丈高山滾下一樣…

其勢銳不可當，這就是軍事
上所謂的「勢」！

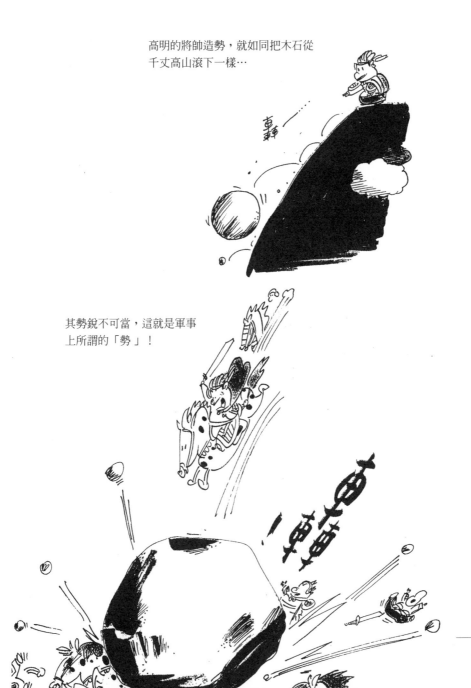

領導者的眼界 **7**

第4種全球化模式
台灣必須發展自己的模式

施振榮／著・蔡志忠／繪

責任編輯：韓秀玫　　封面及版面設計：張士勇
法律顧問：全理律師事務所董安丹律師
出版者：大塊文化出版股份有限公司
台北市105南京東路四段25號11樓
讀者服務專線：080-006689
TEL：(02) 87123898　　FAX：(02) 87123897
郵撥帳號：18955675　　戶名：大塊文化出版股份有限公司
e-mail:locus@locus.com.tw

www.locuspublishing.com

行政院新聞局局版北市業字第706號
版權所有　翻印必究

總經銷：北城圖書有限公司
地址：台北縣三重市大智路139號
TEL：(02) 29818089 (代表號)　　FAX：(02) 29883028　9813049
初版一刷：2000年11月
定價：新台幣120元
ISBN 957-0316-37-3　　　　Printed in Taiwan

國家圖書館出版品預行編目資料

第4種全球化模式：台灣必須發展自己的模式
／施振榮著；蔡志忠繪 .—初版 .— 臺北市：
大塊文化，2000[民 89]
面；　公分 . — (領導者的眼界；7)
ISBN　957-0316-37-3　(平裝)
1.企業管理

494　　　　　　　　　　　89017272

請沿虛線撕下後對折裝訂寄回，謝謝！

大塊
LOCUS
文化

編號：領導者的眼界07　　書名：第4種全球化模式

讀者回函卡

謝謝您購買這本書，為了加強對您的服務，請您詳細填寫本卡各欄，寄回大塊出版 (免附回郵) 即可不定期收到本公司最新的出版資訊，並享受我們提供的各種優待。

姓名：　　　　　　　　身分證字號：

住址：

聯絡電話：(O)　　　　　　　　　(H)

出生日期：　　　年　　　月　　　日　E-Mail：

學歷：1.□高中及高中以下　2.□專科與大學　3.□研究所以上

職業：1.□學生　2.□資訊業　3.□工　4.□商　5.□服務業　6.□軍警公教
7.□自由業及專業　8.□其他　　　　

從何處得知本書：1.□逛書店　2.□報紙廣告　3.□雜誌廣告　4.□新聞報導
5.□親友介紹　6.□公車廣告　7.□廣播節目8.□書訊　9.□廣告信函
10.□其他　　　　　

您購買過我們那些系列的書：
1.□Touch系列　2.□Mark系列　3.□Smile系列　4.□catch系列　5.□天才班系列
5.□領導者的眼界系列

閱讀嗜好：
1.□財經　2.□企管　3.□心理　4.□勵志　5.□社會人文　6.□自然科學
7.□傳記　8.□音樂藝術　9.□文學　10.□保健　11.□漫畫　12.□其他　　　　

對我們的建議：

LOCUS